LA LUMIÈRE

JEUX ET OPÉRATIONS SURPRENANTS
AVEC LE SECOURS DES MATHÉMATIQUES
QUI N'ONT PAS PARU JUSQU'À CE JOUR

Sur l'Addition, Soustraction, Multiplication, Division, Règle de Trois, d'Intérêt d'Escompte, etc.

Pour deviner l'âge, le nom d'une personne, ainsi que le jour et le mois qu'elle est née, suivi de pages indicatives, pour se faire servir une consommation sans comunder.

PAR

JEAN VERGÉ

Prix : 25 centimes

Déposé

On demande de former avec le secours de cinq chiffres impairs dont le modèle se trouve plus bas, trois additions dont le total de l'une égale 20, celui de la seconde 30, et celui de la troisième 40,

111   333   555   777   999

On a placé trois chiffres de chaque espèce pour indiquer que l'on ne peut en faire entrer en plus grande quantité dans l'opération. Par exemple, si l'on prend trois cinq, on ne peut prendre que deux autres chiffres, soit un 1 et un 3 si on veut, ce qui fait la quantité de cinq qui doivent entrer dans la formation de chaque addition dont l'une doit donner le total de 20, la deuxième celui de 30, et enfin, la troisième celui de 40.

JEUX INTERMINABLES SUR LES FRACTIONS.

On propose de trouver deux nombres dont les $\frac{5}{6}$ de l'un égalent les $\frac{3}{4}$ de l'autre, soit encore les deux nombres dont les $\frac{7}{8}$ de l'un égalent les $\frac{9}{10}$ de l'autre, ou bien encore, que les $\frac{2}{3}$ de l'un égalent les $\frac{5}{12}$ de l'autre.

Former dix additions donnant le même total, et dix soustractions donnant le même reste.

EXEMPLE :

Addition

11	12	13	14	15	16	17	18	19	20
10	9	8	7	6	5	4	3	2	1

Soustraction

11	12	13	14	15	16	17	18	19	20
1	2	3	4	5	6	7	8	9	10

On peut mettre une personne en demeure de faire par une seule addition l'opération suivante, on la fera, sans nul doute, mais en employant deux additions et une soustraction.

EXEMPLE :

J'ai entendu dire que le dernier empereur touchait par an, de sa liste civile 25,275,000
et d'une boîte appelée masse noire . . . 10,329,000

que d'un autre côté, il dépensait. . . . 12,782,250
et pour ses amusemements divers . . . 11,071,000

On demande quels étaient les bénéfices qu'il faisait du 1er janvier au 31 décembre, on s'aperçoit de suite qu'on est obligé de faire d'abord l'addition de ses appointements, puis celle des dépenses et, enfin, une soustraction pour connaître ses économies.

Un certain nombre de personnes se trouvent réunies en Société, on donne à chacune une certaine quantité de pions ou de grains d'haricots, de maïs, n'importe, tout en leur disant d'en former plusieurs piles ayant chacune le même nombre. Ainsi, supposons que l'on se trouve huit, chacun peut varier le nombre de ses piles sans rien déranger à l'opération, il est bon de retenir qu'il doit y avoir toujours une pile qui doit porter le nom de centre et que, par conséquent, après les avoir toutes placées en ligne ce doit être celle du milieu qui sert de base à l'opération.

EXEMPLE :

Une des personnes ayant fait cinq piles, ce doit être celle qui est troisième qui se trouve au centre, s'il n'en fait que trois vous prenez celle du milieu, ce jeu étant encore des mathématiques à une infinité de variations, il s'agit à un moment donné sans rien voir, de deviner la quantité qui se trouve dans la pile du milieu.

Sortez 7 de chaque pile extrême
pour les ajouter à celle du
milieu, puis sortez de celle-ci
autant qu'il en reste en un
côté.

12	12	12
7	14	7
5	26	5
	5	
	21	nombre qui est facile à deviner

JEU DE PIQUET

C'est-à-dire que l'on peut garantir d'arriver premier au nombre 100, l'adversaire ayant les mêmes avantages.

Je suppose que l'adversaire commence le premier à compter, il ne peut prendre que du n° 1 à 10, si par exemple il prend 10, vous ne pouvez à votre tour compter que 20 au plus c'est-à-dire qu'on a la liberté ou le choix d'ajouter de 1 à 10 sur le nombre que vous laisse votre adversaire, lui ayant laissé le nombre 20; il continue à compter avec la même liberté sur le nombre laissé par vous jusqu'à 30 et ainsi de suite ; deux individus connaissant le jeu, celui qui commence ne peut qu'ariver premier, mais ayant affaire à un apprenti, je veux dire celui qui ne le connait pas, il peut avoir reçu toute l'instruction possible que vous êtes sûr d'arriver avant lui, la clé en est donnée sur ce carton.

$$1 \quad 12 \quad 23 \quad 34 \quad 45 \quad 56 \quad 67 \quad 78 \quad 89 \quad 100$$

Tableau qui prouve que l'on peut changer les proportions sans rien altérer dans leurs réponses qui sont toujours très justes, avec lesquelles on trouve la réponse, soit à une règle d'intérêt, de trois, ou de tout autre.

1	3	9	27	81	243	729	2,187	6,561
0	2	4	6	8	10	12	14	16

19,683	59,049	177,147	531,441	1,594,323
18	20	22	24	26

4,782,969	14,348,907	43,046,721	129,140,163	387,420,489
28	30	32	34	36

1,162,261,467	3,486,784,401
38	40

Procédé pour donner le produit d'une multiplication ou le quotient d'une division sans avoir besoin de faire l'opération.

2	4	8	16	52	64	128	256	512	1,024
1	2	3	4	5	6	7	8	9	10

2,048	4,096	8,192	16,384	32,768	65,536
11	12	13	14	15	16

131,072	262,144	524,288	1,048,576
17	18	19	20

NOTA. — *On peut changer à l'infini la composition de cette table, pourvu que l'on conserve les proportions.*

Je prétends embarrasser le premier venu en lui demandant de me donner avec moins de chiffres que moi 10 multiplications donnant le même produit et dont suit ma méthode, que l'on peut changer et augmenter à volonté.

10 multiplications donnant le même produit.

32,768 × 32	524,288 × 2	16,384 × 64	262,144 × 4
8,192 × 128	131,072 × 8	4,096 × 256	65,536 × 16
	2,048 × 512	1,024 × 1,024	

Même présomption pour 10 divisions donnant le même quotient que l'on peut varier et augmenter comme les multiplications.

10 divisions donnant le même quotient.

$$\frac{2,048}{2} \qquad \frac{1\,048.576}{1,024} \qquad \frac{65\,536}{64} \qquad \frac{524,288}{512} \qquad \frac{4,096}{4}$$

$$\frac{262,144}{256} \qquad \frac{8.192}{8} \qquad \frac{131,072}{128} \qquad \frac{16\,384}{16} \qquad \frac{32,768}{32}$$

1 Jean.	1 Janvier.	53 Anatole.
3 Paul.	3 Mars.	55 Cirille.
6 Nestor.	6 Juin	56 Eugène.
8 Thomas.	8 Août.	58 Alexis.
11 Joseph.	11 Novem.	61 Victor.
13 Benoît.		63 Samson.
16 Isidore.	1 Lundi.	66 Marcelin.
18 Fulbert.	3 Mercredi.	68 Justin.
21 Tiburce.	6 Samedi.	71 Eustache.
23 Parfait.		73 Bernard.
26 Georges.	13 Vin rouge	76 Aristide.
28 Marc.	16 Cognac.	78 Grégoire.
30 Aimé.	18 Anisette.	80 Hyacinthe.
31 Robert.	21 Bitter.	81 Cyprien.
33 Collin.	23 Chartreuse.	83 Janvier.
36 Maxime.	26 Bière.	86 Michel.
38 Pascal.		88 Edouard.
41 Philippe.		91 Alfred.
43 Maximin.		93 Martin.
45 Fortuné.		95 Amédée.
46 Claude.		96 Clément.
48 Barnabé.		98 Eloi.
50 Félix.		100 Baptiste.
51 Guillaume.		

IA

2 Pierre.	2 Février.	53 Anatole.
4 Salvin.	4 Avril.	54 Dominique
8 Thomas.	8 Août.	55 Cirille.
9 Zacharie.	9 Septemb.	58 Alexis.
12 Joachim.	12 Décembre	59 Camille.
14 Emmanuel.		63 Samson.
17 Clotaire.	2 Mardi.	64 Germain.
19 Léon.	4 Jeudi.	67 Abel.
23 Parfait.	7 Dimanche	69 Laurent.
24 Théodore.		73 Bernard.
27 Gaston.	13 Vin rouge	74 Cézaire.
28 Marc.	14 Vin blanc	78 Grégoire.
29 Frédéric.	19 Vermouth	79 Omer.
30 Aimé.	22 Raspail.	80 Hyacinthe.
32 Désiré.	24 Champor au.	83 Janvier.
34 Achille.	27 Limonade	84 Mathieu.
37 Honoré.		89 Calixte.
39 Emile.		92 Narcisse.
42 Olivier.		93 Martin.
43 Maximin.		94 Edmond.
44 Ferdinand.		95 Amédée.
45 Fortuné.		98 Eloi.
49 Florentin.		99 Nicolas.
50 Félix.		100 Baptiste.

IIA

3 Paul.	3 Mars.	55 Cirille.
4 Salvin.	4 Avril.	57 Henri.
7 Adrien.	7 Juillet.	59 Camille.
9 Zacharie.	9 Septemb.	62 Auguste.
13 Benoît.		64 Germain.
14 Emmanuel.	3 Mercredi.	68 Justin.
18 Fulbert.	4 Jeudi.	69 Laurent.
19 Léon.		72 Louis.
22 Fructueux.	14 Vin blanc	74 Cézaire.
24 Théodore.	17 Rhum.	77 Lazare.
29 Frédéric.	18 Anisette.	79 Omer.
30 Aimé.	19 Vermouth	80 Hyacinthe.
33 Collin.	23 Chartreuse.	82 Lambert.
34 Achille.	24 Champoreau.	84 Mathieu.
38 Pascal.		87 Denis.
39 Emile.		88 Edouard.
44 Ferdinand.		89 Celixte.
45 Fortuné.		94 Edmond.
47 Félicien.		95 Amédée.
48 Barnabé.		97 André.
49 Florentin.		99 Nicolas.
50 Félix.		100 Baptiste.
52 Martial.		
54 Dominique.		

IIA

5 Jacques.	5 Mai.	56 Eugène.
6 Nestor.	6 Juin.	57 Henri.
7 Adrien.	7 Juillet.	58 Alexis.
8 Thomas.	8 Août.	59 Camille.
9 Zacharie.	9 Septemb.	65 Alphonse.
15 François.		66 Marcelin.
16 Isidore.	5 Vendredi	67 A el.
17 Clotaire.	6 Samedi.	68 Justin.
18 Fulbert.	7 Dimanche	69 Laurent.
19 Léon.		75 Augustin.
25 Anselme.	15 Vin vieux	76 Aristide.
26 Georges.	16 Cognac	77 Lazare.
27 Gaston.	17 Rhum.	78 Grégoire.
28 Marc.	18 Anisette.	79 Omer.
29 Frédéric.	19 Vermouth	80 Hyacinthe.
30 Aimé.	25 Café.	85 Firmin.
35 Boniface.	26 Bière.	86 Michel.
35 Maxime.	27 Limonade	87 Denis.
37 Honoré.		88 Edouard.
38 Pascal.		89 Calixte.
39 Emile.		96 Clément.
46 Claude.		97 André.
47 Félicien.		98 Eloi.
48 Barnabé.		99 Nicolas.
49 Florentin.		100 Baptiste.
50 Félix.		

VA

10 Patrice.	10 Octobre.	66 Marcelin.
11 Joseph.	11 Novembre	67 Abel.
13 Benoît.	12 Décembre	69 Laurent.
15 François.		70 Hippolyte.
16 Isidore.	13 Vin rouge	71 Eustache.
19 Léon.	16 Vin vieux	72 Louis.
21 Tiburce.	18 Anisette.	73 Bernard.
22 Fructueux.	19 Vermouth	74 Cézaire.
23 Parfait.		75 Augustin.
32 Désiré.		79 Omer.
33 Collin.		80 Hyacinthe.
36 Maxime.		81 Cyprien.
40 Urbain.		83 Janvier.
41 Philippe.		84 Mathieu.
42 Olivier.		85 Firmin.
43 Maximin.		87 Denis.
44 Ferdinand.		90 Léopold.
45 Fortuné.		91 Alfred.
46 Claude.		92 Narcisse.
47 Félicien.		93 Martin.
48 Barnabé.		94 Edmond.
49 Florentin.		95 Amédée.
50 Félix.		96 Clément.
60 Vincent.		97 André.
63 Samson.		98 Eloi.
64 Germain.		99 Nicolas.
	XA	100 Baptiste.

12 Joachim.	14 Vin blanc	65 Alphonse.
14 Emmanuel.	16 Cognac.	68 Justin.
17 Clotaire.	17 Rhum.	70 Hippolyte.
18 Fulbert.		71 Eustache.
21 Tiburce.		72 Louis.
22 Fructueux.		73 Bernard.
23 Parfait.		74 Cézaire.
31 Robert.		75 Augustin.
34 Achille...		79 Omer.
35 Boniface.		80 Hyacinthe.
37 Honoré.		82 Lambert.
38 Pascal.		86 Michel.
39 Emile.		88 Edouard.
40 Urbain.		89 Calixte.
41 Philppe.		90 Léopold.
42 Olivier.		91 Alfred.
43 Maximin.		92 Narcisse.
44 Ferdinand.		93 Martin.
45 Fortuné.		94 Edmond.
46 Caude.		95 Amédée.
47 Félicien.		96 Clément.
48 Barnabé.		97 André.
49 Florentin.		98 Eloi.
50 Félix.		99 Nicolas.
61 Victor.		100 Baptiste.
62 Auguste.		

XA

20 Jules.	20 Absinthe.	49 Florentin.
24 Théodore.	21 Biter.	50 Félix.
25 Anselme.	22 Raspail.	76 Aristide.
26 Georges.	23 Chartreuse.	77 Lazare.
27 Gaston.	24 Champoreau.	78 Grégoire.
28 Marc.	25 Café.	81 Cyprien.
29 Frédéric.	26 Bière.	82 Lambert.
30 Aimé.	27 Limonade	83 Janvier.
31 Robert...		84 Mathieu.
32 Désiré.		85 Firmin.
33 Collin.		86 Michel.
34 Achille.		87 Denis.
35 Boniface.		88 Edouard.
36 Maxime.		89 Calixte.
37 Honoré.		90 Léopold.
38 Pascal.		91 Alfred.
39 Emile.		92 Narcisse.
40 Urbain.		93 Martin.
41 Philippe.		94 Edmond.
42 Olivier.		95 Amédée.
43 Maximin.		96 Clément.
44 Ferdinand.		97 André.
45 Fortuné.		98 Eloi.
46 Claude.		99 Nicolas.
47 Félicien.		100 Baptiste.
48 Barnabé.		

XXA

51 Guillaume.	76 Aristide.
52 Martial.	77 Lazare.
53 Anatole.	78 Grégoire.
54 Dominique.	79 Omer.
55 Cirille.	80 Hyacinthe.
56 Eugène.	81 Cyprien.
57 Henri.	82 Lambert.
58 Alexis.	83 Janvier.
59 Camille.	84 Mathieu.
60 Vincent.	85 Firmin.
61 Victor.	86 Michel.
62 Auguste.	87 Denis.
63 Samson.	88 Edouard.
64 Germain.	89 Calixte.
65 Alphonse.	90 Léopold.
66 Marcelin.	91 Alfred.
67 Abel.	92 Narcisse.
68 Justin.	93 Martin.
69 Laurent.	94 Edmond.
70 Hippolyte.	95 Amédée.
71 Eustache.	96 Clément.
72 Louis.	97 André.
73 Bernard.	98 Eloi.
74 Cézaire.	99 Nicolas.
75 Augustin.	100 Baptiste.

LA

1. Pour faire ces additions, il faut faire passer un chiffre en colonne de dizaine.

2. Pour donner ces sortes de réponses vous n'avez qu'à renverser une fraction.

3. Pour donner cette réponse, n'importe à quels chiffres donnés, on doit faire le complément du nombre le plus faible.

4. Vous trouverez en bas de la page un modèle qui peut changer à volonté.

5. Vous trouverez au bas de la page les points imprenables par votre adversaire.

6. Ce sont deux proportions superposées l'une sur l'autre, l'une par quotient et l'autre par différence.

7. Pour trouver la réponse à une multiplication on additionne la proportion qui se trouve en dessous, si c'est une division on la soustrait

8. Pour prouver que l'on peut changer les proportions sans rien altérer dans leur réponse.

———◆———

Les 8 dernières pages sont destinées à deviner le nom, l'âge, le jour, l'année qu'est née une personne, ainsi que ce qu'elle veut se faire servir dans un débit, café, etc. Bordeaux. — Imp. Aug. BORD

www.ingramcontent.com/pod-product-compliance
Lightning Source LLC
Chambersburg PA
CBHW050407210326
41520CB00020B/6496